COURS

MÉTHODIQUE

DE DESSIN LINÉAIRE

ET

DE GÉOMÉTRIE USUELLE

Première Partie

COURS ÉLÉMENTAIRE

COURS
MÉTHODIQUE
DE DESSIN LINÉAIRE
ET
DE GÉOMÉTRIE USUELLE
APPLICABLE A TOUS LES MODES D'ENSEIGNEMENT

PAR M. LAMOTTE
INSPECTEUR SPÉCIAL DE L'INSTRUCTION PRIMAIRE DU DÉPARTEMENT DE LA SEINE
CHEVALIER DE LA LÉGION D'HONNEUR

OUVRAGE AUTORISÉ
PAR LE CONSEIL ROYAL DE L'INSTRUCTION PUBLIQUE

Première Partie
COURS ÉLÉMENTAIRE
HUITIÈME ÉDITION

PLANCHES

PARIS
CHEZ L. HACHETTE
LIBRAIRE DE L'UNIVERSITÉ ROYALE DE FRANCE
RUE PIERRE-SARRAZIN, N° 12
1844

PREMIER TABLEAU.

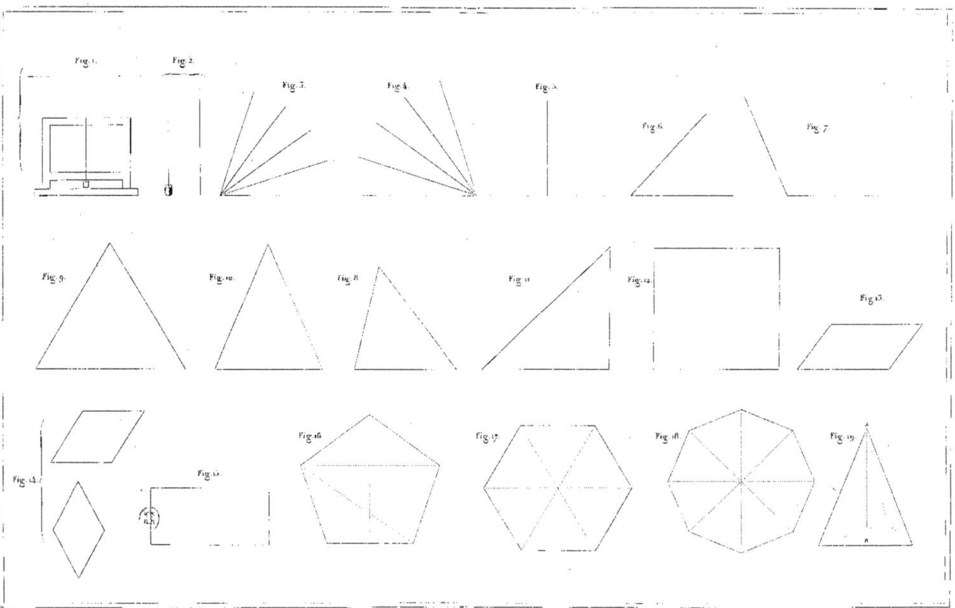

Librairie de L. HACHETTE, rue Pierre Sarrazin, N°12, à Paris.

DEUXIÈME TABLEAU.

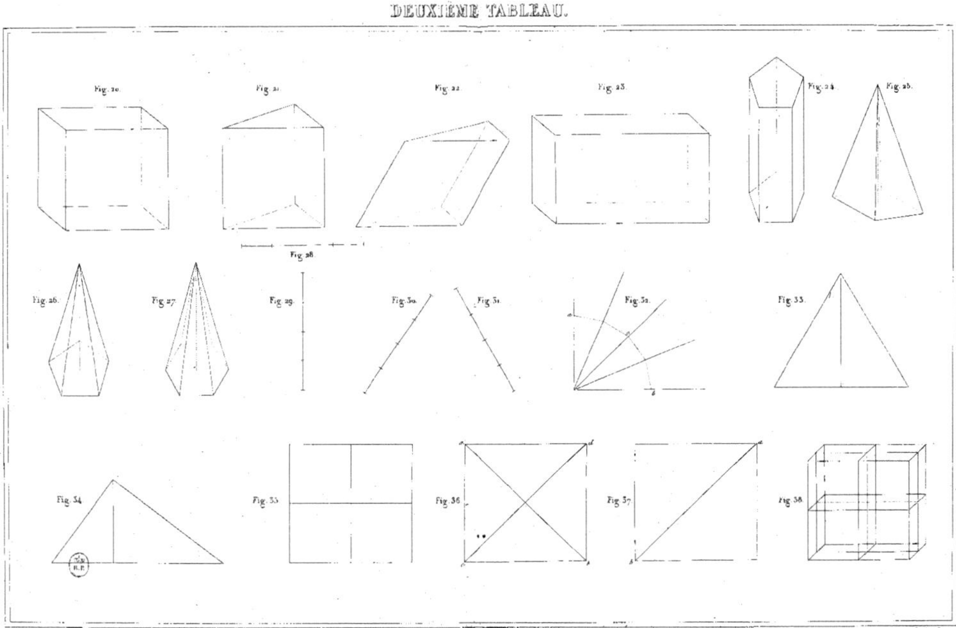

Librairie de L. HACHETTE, rue Pierre Sarrazin, N° 12, à Paris.

TROISIÈME TABLEAU.

Fig. 39.

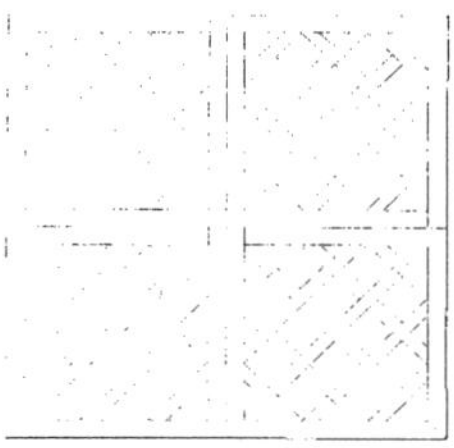

Fig. 43.

Fig. 44.

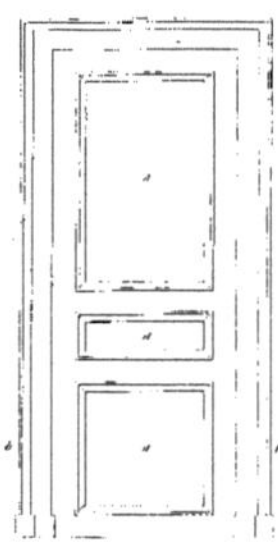

Fig. 40.

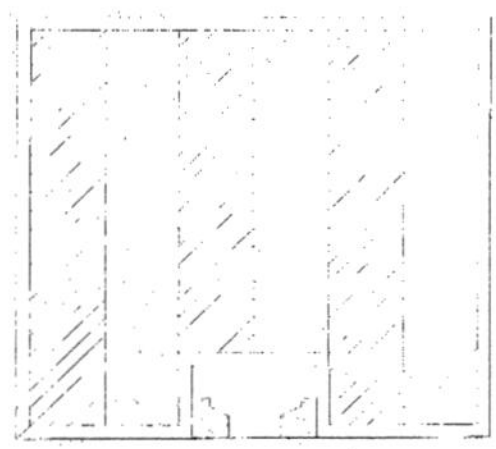

Fig. 41.

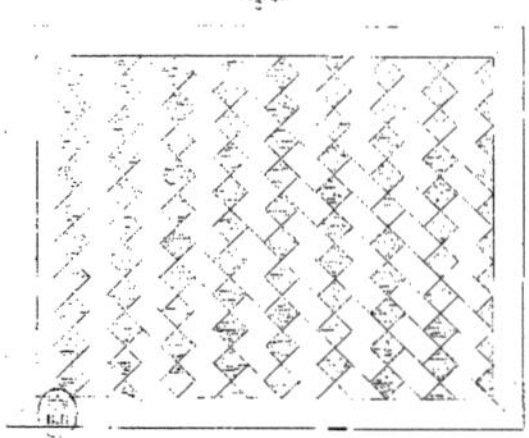

Fig. 45.

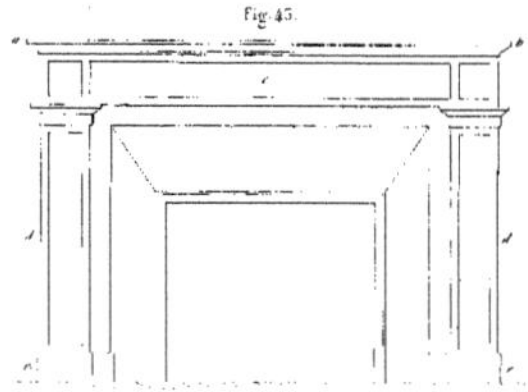

Fig. 42.

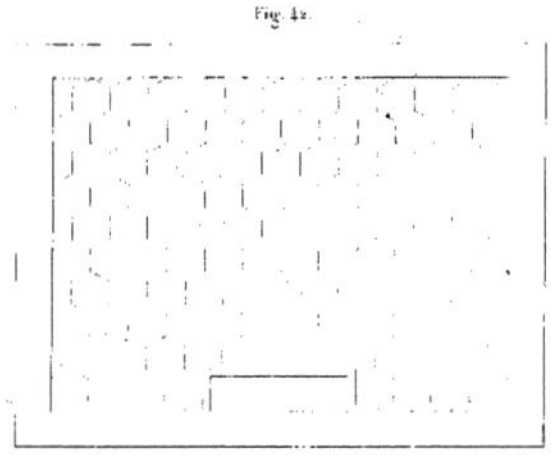

Librairie de L. HACHETTE, rue Pierre Sarrazin, N° 12, à Paris

QUATRIÈME TABLEAU.

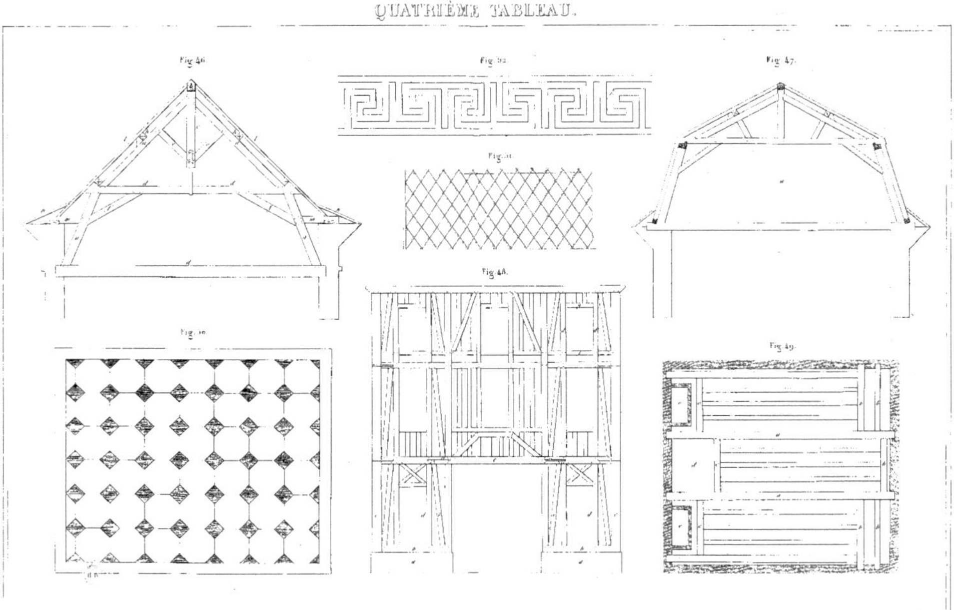

Librairie de L. HACHETTE, rue Pierre Sarrazin, N° 14, à Paris.

CINQUIÈME TABLEAU.

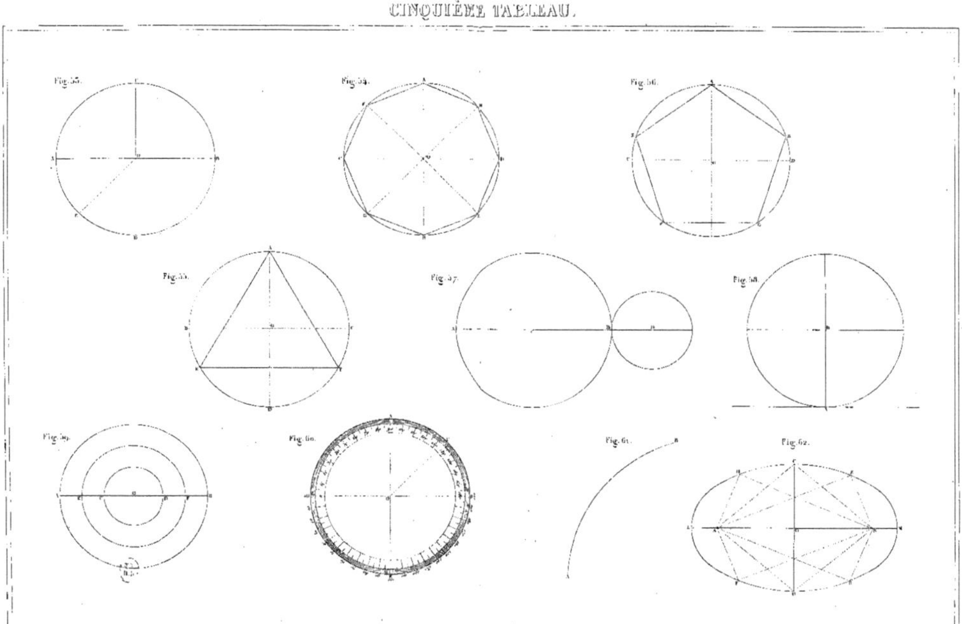

Librairie de L. HACHETTE, rue Pierre Sarrazin, N° 12, à Paris.

SIXIÈME TABLEAU.

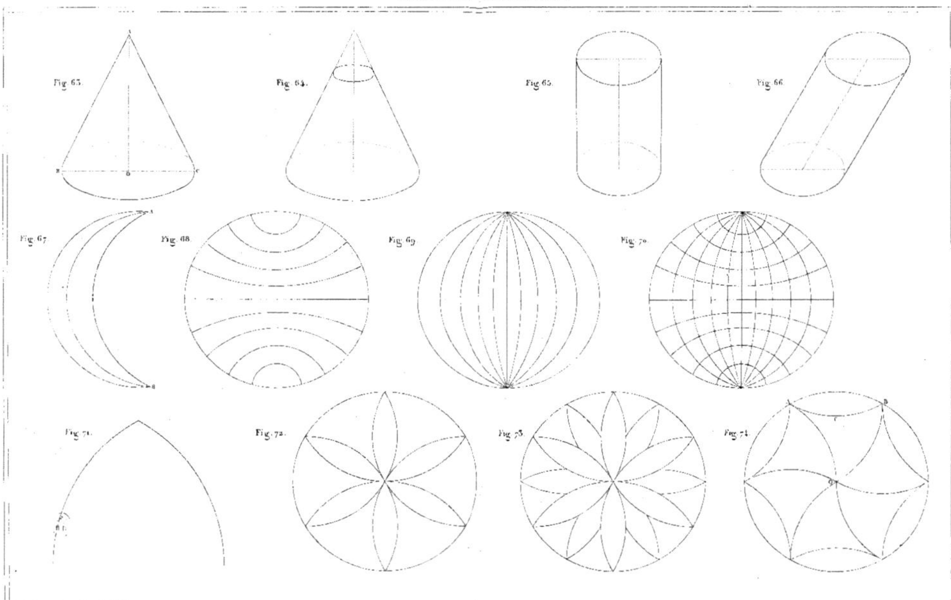

Librairie de L. HACHETTE, rue Pierre Sarrazin, N° 12, à Paris.

SEPTIÈME TABLEAU.

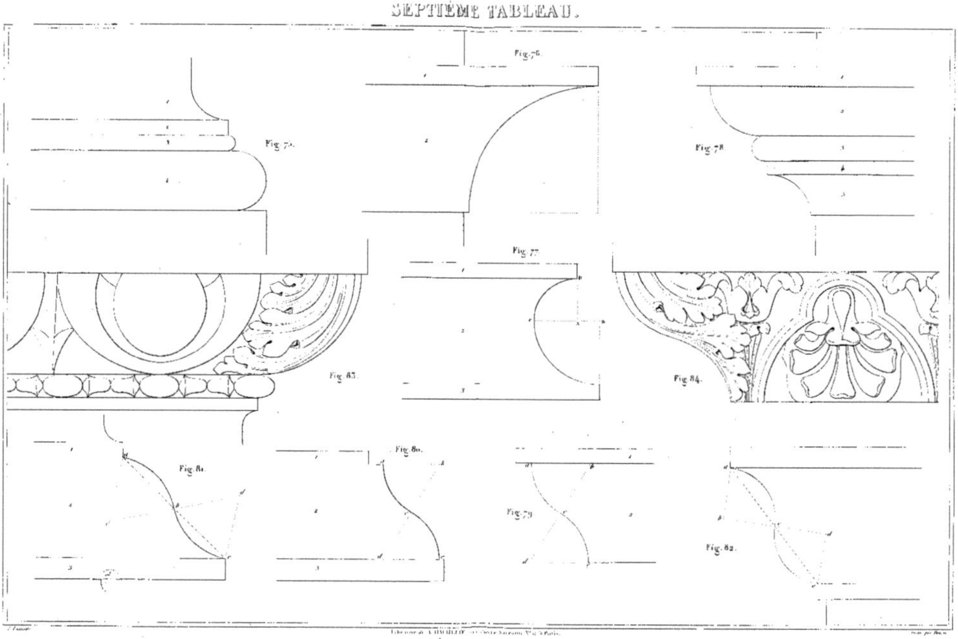

HUITIÈME TABLEAU.

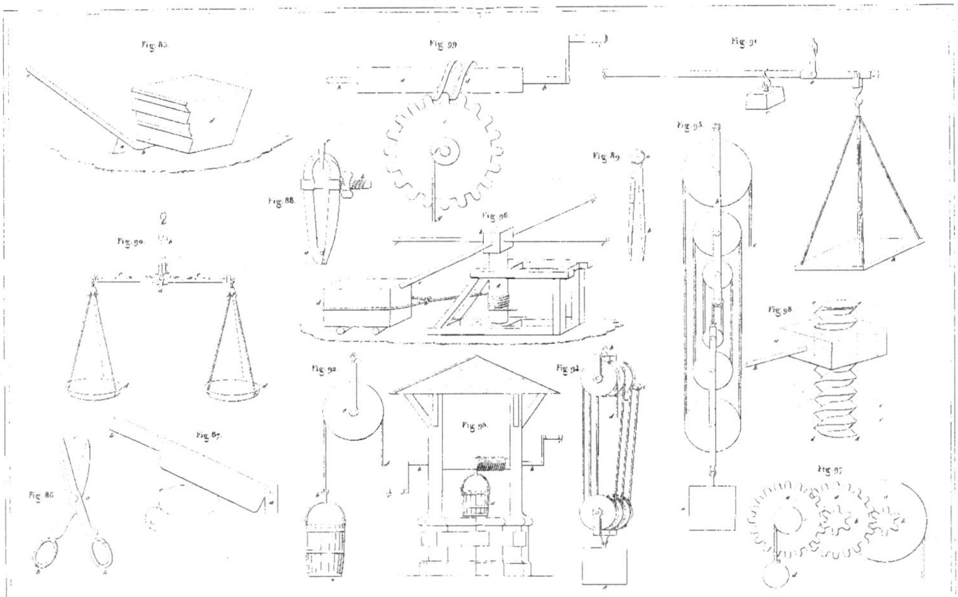

Librairie de L. HACHETTE, rue Pierre Sarrazin N°12, à Paris.

NEUVIÈME TABLEAU.

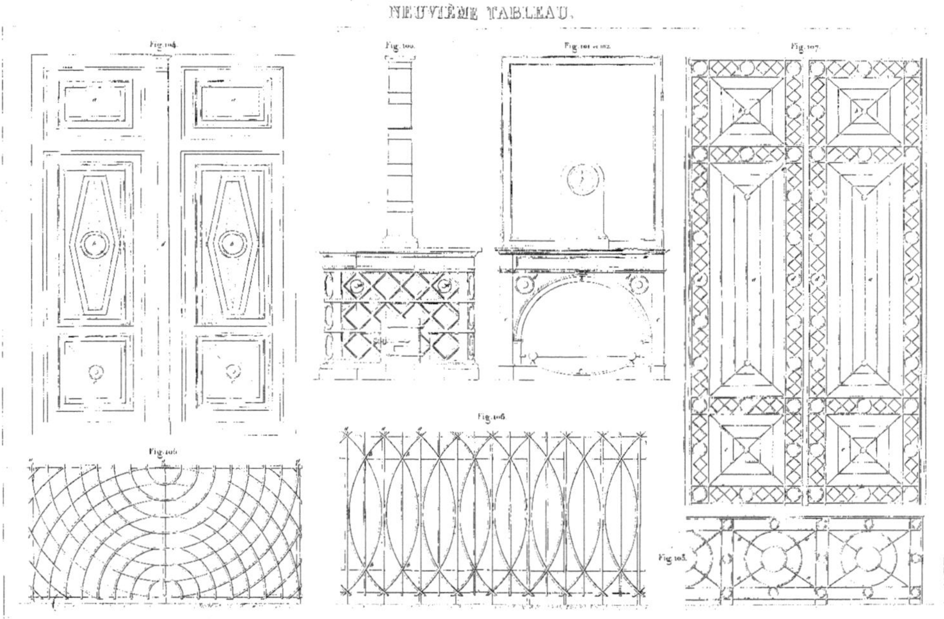

Librairie de L. HACHETTE, rue Pierre Sarrazin, N° 12, à Paris.

DIXIÈME TABLEAU.

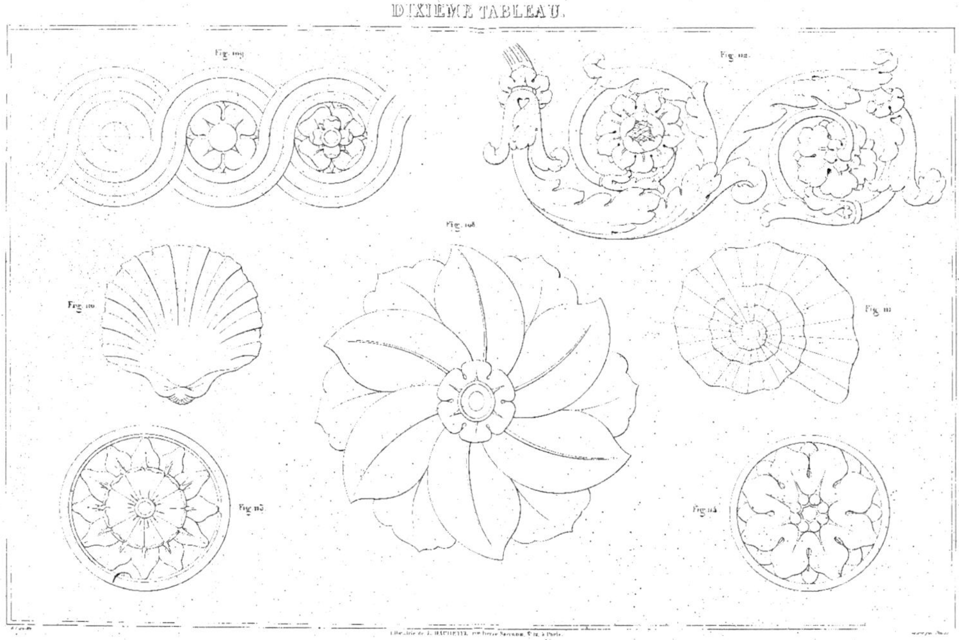

Librairie de L. HACHETTE, rue Pierre Sarrazin, N° 14, à Paris.

ONZIÈME TABLEAU.

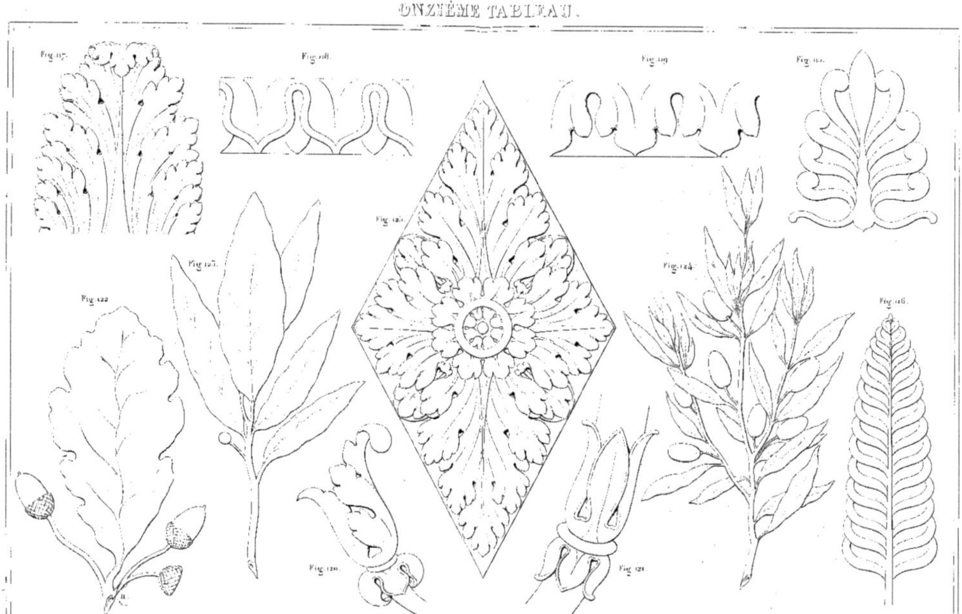

Librairie de L. HACHETTE, rue Pierre Sarrazin, N° 12, à Paris.

DOUZIÈME TABLEAU.

Librairie de L. HACHETTE, rue Pierre Sarrazin N° 12, à Paris.

TREIZIÈME TABLEAU.

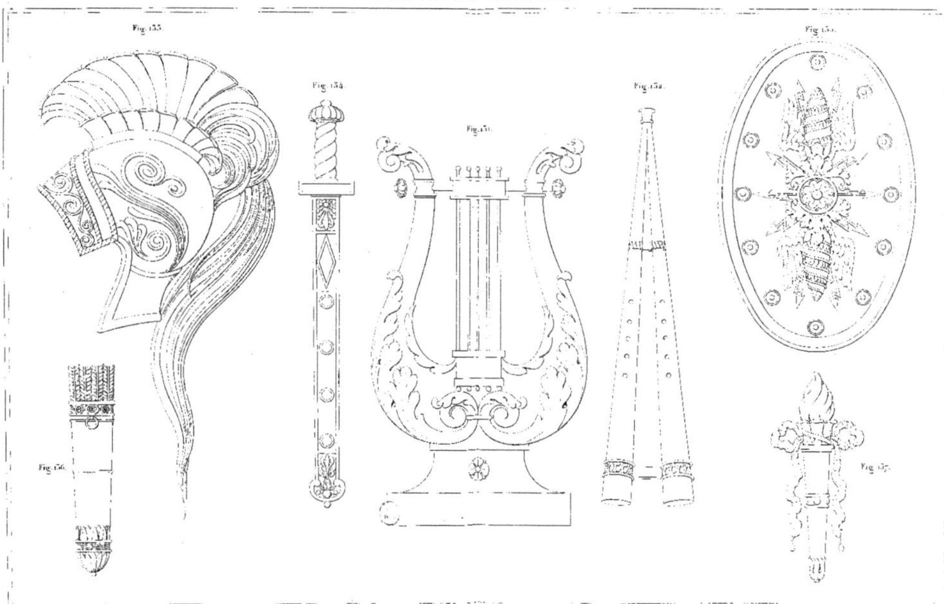

Librairie de L. HACHETTE, rue Pierre Sarrazin, N° 12, à Paris.

QUATORZIÈME TABLEAU.

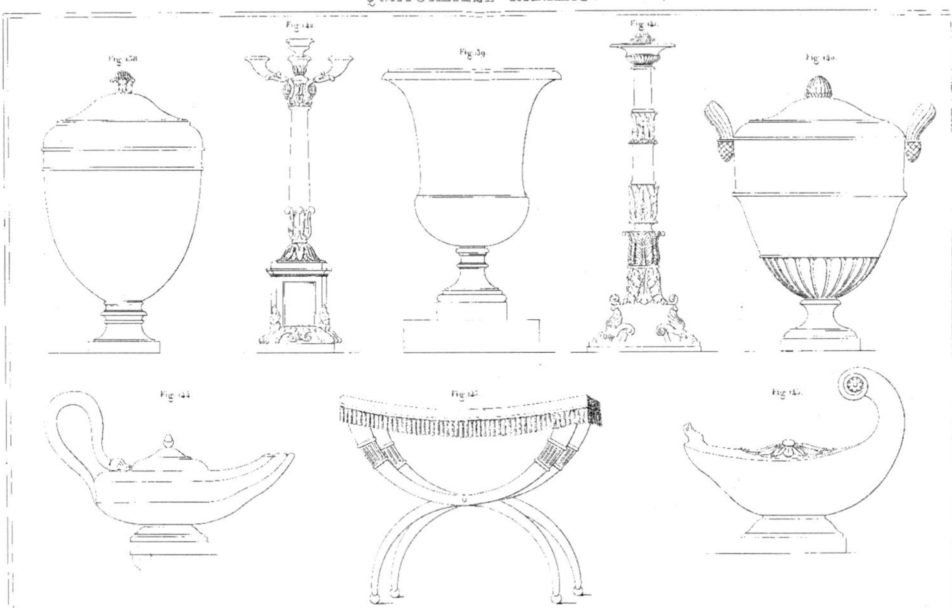

Librairie de L. HACHETTE, rue Pierre-Sarrazin, N° 12, à Paris.

QUINZIÈME TABLEAU.

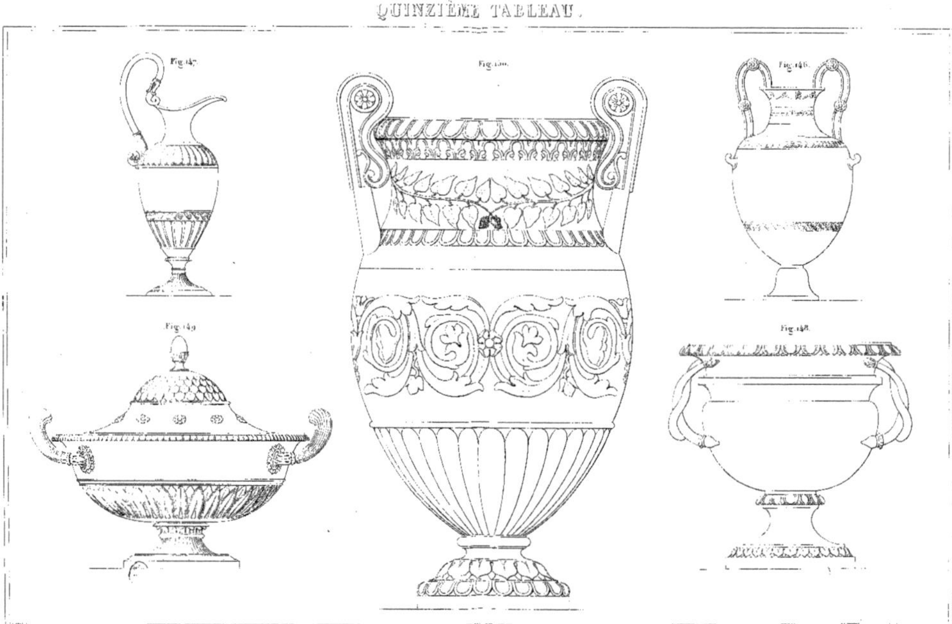

Librairie de L. HACHETTE, rue Pierre Sarrazin N°12, à Paris.

SEIZIÈME TABLEAU.

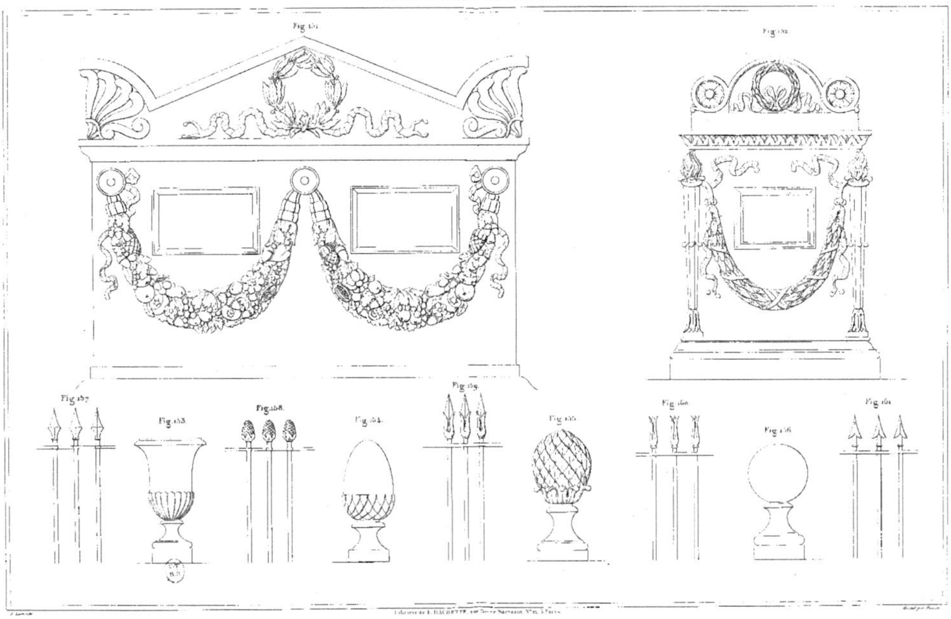

Librairie de L. HACHETTE, rue Pierre Sarrazin, N° 12, à Paris.

DIX-SEPTIÈME TABLEAU.

Fig. 163.

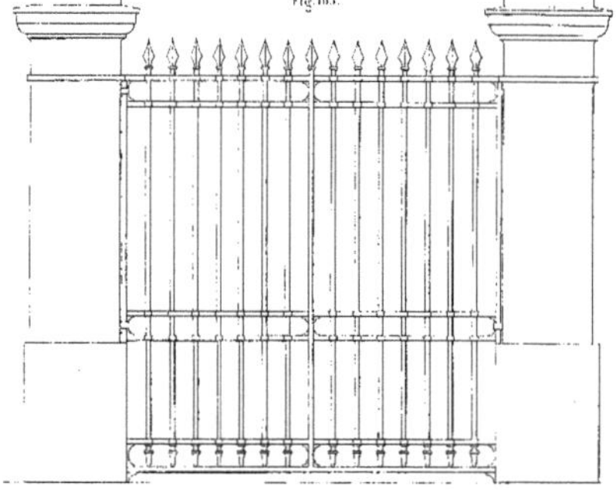

Fig. 162.

Fig. 164.

Fig. 165.

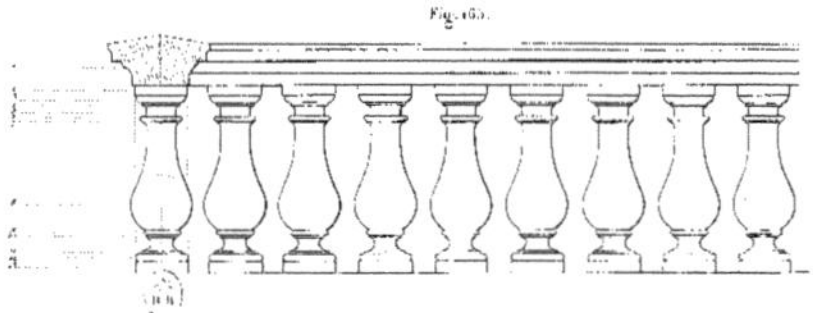

Fig. 166.

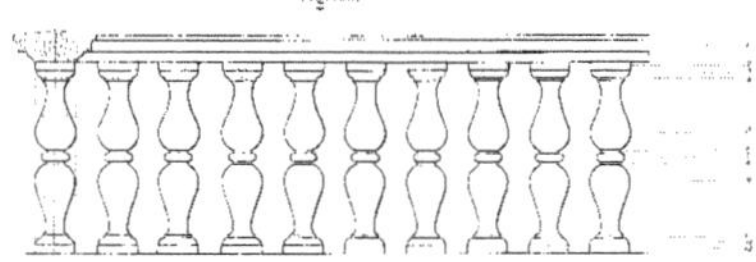

Librairie de L. HACHETTE, rue Pierre-Sarrazin, N° 12, à Paris.

DIX-HUITIÈME TABLEAU.

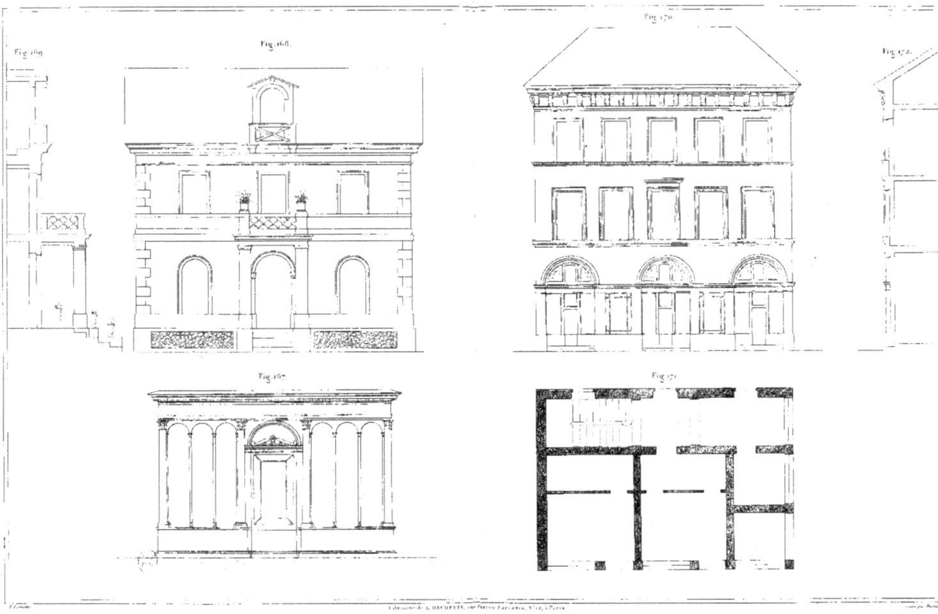

Librairie de L. HACHETTE, rue Pierre Sarrazin, N° 12, à Paris

DIX-NEUVIÈME TABLEAU.

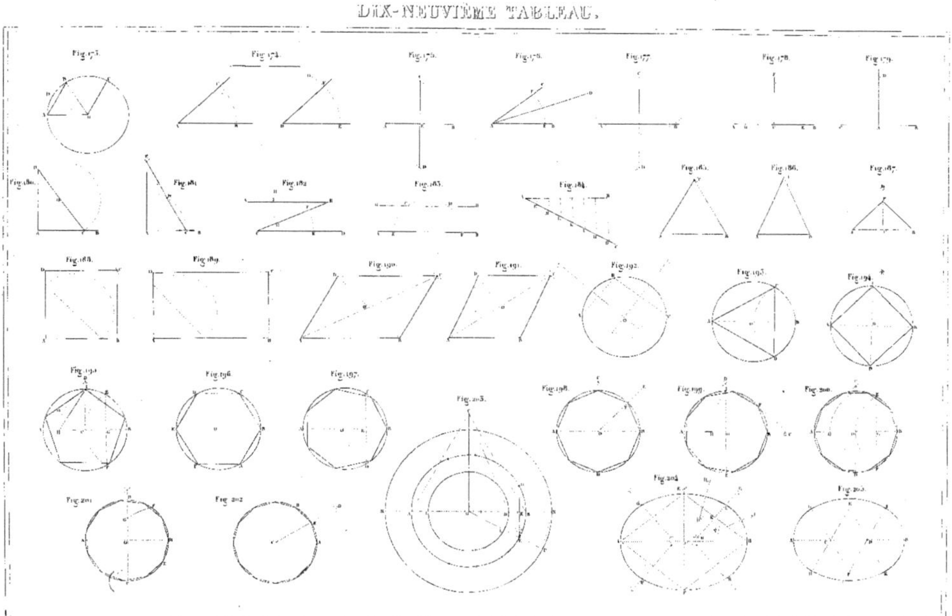

Librairie de L. HACHETTE, rue Pierre Sarrazin, N°12, à Paris

www.ingramcontent.com/pod-product-compliance
Ingram Content Group UK Ltd.
Pitfield, Milton Keynes, MK11 3LW, UK
UKHW031948260826
14628UKWH00004B/1921

9 782014 430530